JIKKYO NOTEBOOK

スパイラル数学C　学習ノート

【複素数平面／平面上の曲線】

　本書は，実教出版発行の問題集「スパイラル数学C」の2章「複素数平面」，3章「平面上の曲線」の全例題と全問題を掲載した書き込み式のノートです。本書をノートのように学習していくことで，数学の実力を身につけることができます。

　また，実教出版発行の教科書「新編数学C」に対応する問題には，教科書の該当ページを示してあります。教科書を参考にしながら問題を解くことによって，学習の効果がより一層高まります。

目　次

JN073272

2章　複素数平面

1節　複素数平面

1 複素数平面

SPIRAL A

129 次の点を，複素数平面上に図示せよ。　　　　　　　　　　　　　　　▶教p.73 例1

*(1)　$A(-3+2i)$　　　　　　　　　　　(2)　$B(4-i)$

*(3)　$C(-2i)$　　　　　　　　　　　*(4)　$D(-4)$

*__130__　$z = -4+2i$ のとき，次の複素数を表す点を複素数平面上に図示せよ。　　▶教p.73 例2

(1)　$\bar{z}$　　　　　　　　　　(2)　$-z$　　　　　　　　　(3)　$\overline{-z}$

131 次の複素数の絶対値を求めよ。 ▶教 p.74 例3

*(1) $-2+5i$

(2) $7-i$

*(3) $6i$

*(4) -5

132 次の複素数について，3点 z, w, $z+w$ を複素数平面上に図示せよ。 ▶教 p.75 練習4

*(1) $z=4+i$, $w=2+3i$

(2) $z=3-2i$, $w=-2-i$

133 次の複素数について，3点 z, w, $z-w$ を複素数平面上に図示せよ。また，2点 z, w 間の距離を求めよ。　　　　　　　　　　　　　　　　　　　　　　　　▶教p.76例4

*(1)　$z = 4 + 3i$, $w = 1 + 4i$

(2)　$z = -2 + 3i$, $w = -3 - i$

*134　$z = 6 - 3i$ であるとき，次の点を複素数平面上に図示せよ。　　　▶教p.77練習6

(1)　$3z$ 　　　　　　　　　　(2)　$-2z$ 　　　　　　　　　　(3)　$-\dfrac{2}{3}z$

SPIRAL B

135 次の複素数の絶対値を求めよ。 ▶教p.74 例3

(1) $\sqrt{3}\,i$

*(2) $(1+i)^2$

(3) $(2-i)(3+2i)$

*(4) $\dfrac{2+4i}{1-i}$

136 右の図の複素数 α, β に対して，次の複素数を表す点を図示せよ。

(1) $\alpha+\beta$

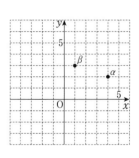

*(2) $\alpha-\beta$

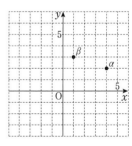

*(3) $-\alpha+2\beta$

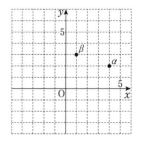

思考力 PLUS 共役な複素数の性質

SPIRAL C

例題 14

複素数 z について, $(z-3+2i)(\overline{z}-3-2i) = 9$ のとき,

等式 $|z-3+2i| = 3$ が成り立つことを証明せよ。

証明

$$(z-3+2i)(\overline{z}-3-2i) = 9$$

より $\{z+(-3+2i)\}\{\overline{z}+(-3-2i)\} = 9$

$$\{z+(-3+2i)\}\{\overline{z}+\overline{(-3+2i)}\} = 9$$

$$\{z+(-3+2i)\}\overline{\{z+(-3+2i)\}} = 9 \qquad \leftarrow [2] \quad \overline{z_1+z_2} = \overline{z_1}+\overline{z_2}$$

$$|z+(-3+2i)|^2 = 9 \qquad\qquad \leftarrow z\overline{z} = |z|^2$$

$$|z-3+2i|^2 = 9$$

$|z-3+2i| \geqq 0$ であるから $|z-3+2i| = 3$ ■終

---

137 複素数 z について, $(z+5-i)(\overline{z}+5+i) = 5$ のとき, 等式 $|z+5-i| = \sqrt{5}$ が成り立つことを証明せよ。

例題 15

複素数 α, β について，$\alpha\bar{\beta}$ が実数でないとき，次のことを示せ。

(1) $\alpha\bar{\beta} + \bar{\alpha}\beta$ は実数である。　　　　(2) $\alpha\bar{\beta} - \bar{\alpha}\beta$ は純虚数である。

考え方 z が実数 $\Longleftrightarrow z = \bar{z}$,　z が純虚数 $\Longleftrightarrow z = -\bar{z}$, $z \neq 0$

証明

(1) $z = \alpha\bar{\beta} + \bar{\alpha}\beta$ とおくと

$\bar{z} = \overline{\alpha\bar{\beta} + \bar{\alpha}\beta} = \overline{\alpha\bar{\beta}} + \overline{\bar{\alpha}\beta}$　　　　←[2] $\overline{z_1 + z_2} = \overline{z_1} + \overline{z_2}$

$= \bar{\alpha}\bar{\bar{\beta}} + \bar{\bar{\alpha}}\bar{\beta} = \bar{\alpha}\beta + \alpha\bar{\beta} = z$　　　←[4] $\overline{z_1 z_2} = \overline{z_1}\,\overline{z_2}$, [1] $\overline{\overline{z_1}} = z_1$

よって，z すなわち $\alpha\bar{\beta} + \bar{\alpha}\beta$ は実数である。　**終**

(2) $w = \alpha\bar{\beta} - \bar{\alpha}\beta$ とおくと，$\alpha\bar{\beta}$ は実数でないから

$\overline{\alpha\bar{\beta}} = \bar{\alpha}\beta \neq \alpha\bar{\beta}$ より $w \neq 0$ であり

$\bar{w} = \overline{\alpha\bar{\beta} - \bar{\alpha}\beta} = \overline{\alpha\bar{\beta}} - \overline{\bar{\alpha}\beta}$　　　←[3] $\overline{z_1 - z_2} = \overline{z_1} - \overline{z_2}$

$= \bar{\alpha}\bar{\bar{\beta}} - \bar{\bar{\alpha}}\bar{\beta} = \bar{\alpha}\beta - \alpha\bar{\beta} = -w$　　　←[4], [1]

よって，w すなわち $\alpha\bar{\beta} - \bar{\alpha}\beta$ は純虚数である。　**終**

138 複素数 α について，次のことを示せ。

(1) $\alpha^3 - (\bar{\alpha})^3$ は純虚数である。ただし，α^3 は実数でないとする。

(2) $\alpha\bar{\alpha} = 1$ のとき，$z = \alpha + \dfrac{1}{\alpha}$ は実数である。

÷2 複素数の極形式

139 次の複素数を極形式で表せ。ただし，偏角 θ の範囲は $0 \leqq \theta < 2\pi$ とする。 ▶教p.79例5

*(1) $\sqrt{3} + i$

(2) $-1 + \sqrt{3}\,i$

(3) $-1 - i$

*(4) $\sqrt{3} - 3i$

*(5) $4i$

*(6) -8

140 次の複素数 z_1, z_2 の積 $z_1 z_2$ と商 $\dfrac{z_1}{z_2}$ を極形式で表せ。　　　　▶教 p.81 例6

(1)　$z_1 = 3\left(\cos\dfrac{2}{3}\pi + i\sin\dfrac{2}{3}\pi\right),\ z_2 = 2\left(\cos\dfrac{\pi}{4} + i\sin\dfrac{\pi}{4}\right)$

(2)　$z_1 = 4\left(\cos\dfrac{3}{2}\pi + i\sin\dfrac{3}{2}\pi\right),\ z_2 = \cos\dfrac{\pi}{6} + i\sin\dfrac{\pi}{6}$

141 次の複素数 z_1, z_2 の積 $z_1 z_2$ と商 $\dfrac{z_1}{z_2}$ を極形式で表せ。 ▶教 p.81 練習9

(1) $z_1 = -1 + i$, $z_2 = \sqrt{3} + 3i$

(2) $z_1 = 1 - \sqrt{3}\, i$, $z_2 = 1 + i$

(3) $z_1 = -2i, \ z_2 = -\sqrt{6} + \sqrt{2}\, i$

142 次の点は，点 z をどのように移動した点か。 ▶國 p.82 例7

*(1) $(1+i)z$

(2) $(-\sqrt{3}-i)z$

(3) $-5z$

*(4) $-7iz$

143 $z = \sqrt{3} + 2i$ のとき，点 z を次のように移動した点を表す複素数を求めよ。 ▶國 p.83 例8

*(1) 原点のまわりに $\frac{\pi}{6}$ だけ回転する。

(2) 原点のまわりに $\frac{4}{3}\pi$ だけ回転する。

144 次の点は，点 z をどのように移動した点か。 ▶敎 p.83 例9

(1) $\dfrac{z}{\sqrt{3}+i}$

*(2) $\dfrac{z}{-2+2i}$

(3) $\dfrac{z}{3i}$

145 次の複素数を極形式で表せ。ただし，偏角 θ の範囲は $0 \leqq \theta < 2\pi$ とする。

*(1) $(\sqrt{3} - i)^2 - 4$

(2) $(5 + \sqrt{3}\,i)(\sqrt{3} - 2i)$

*(3) $\dfrac{1 + 4i}{5 + 3i}$

例題 16

$\dfrac{1+i}{\sqrt{3}+i}$ を計算し，$\cos\dfrac{\pi}{12}$ および $\sin\dfrac{\pi}{12}$ の値を求めよ。

解

$$\frac{1+i}{\sqrt{3}+i} = \frac{(1+i)(\sqrt{3}-i)}{(\sqrt{3}+i)(\sqrt{3}-i)} = \frac{\sqrt{3}+1}{4} + \frac{\sqrt{3}-1}{4}i \quad \cdots\cdots\text{①}$$

また　$1+i = \sqrt{2}\left(\cos\dfrac{\pi}{4} + i\sin\dfrac{\pi}{4}\right),\ \sqrt{3}+i = 2\left(\cos\dfrac{\pi}{6} + i\sin\dfrac{\pi}{6}\right)$

より

$$\frac{1+i}{\sqrt{3}+i} = \frac{\sqrt{2}}{2}\left\{\cos\left(\frac{\pi}{4}-\frac{\pi}{6}\right) + i\sin\left(\frac{\pi}{4}-\frac{\pi}{6}\right)\right\}$$

$$= \frac{1}{\sqrt{2}}\left(\cos\frac{\pi}{12} + i\sin\frac{\pi}{12}\right) \qquad\qquad \cdots\cdots\text{②}$$

①，②より

$$\cos\frac{\pi}{12} = \frac{\sqrt{2}(\sqrt{3}+1)}{4} = \frac{\sqrt{6}+\sqrt{2}}{4} \quad \boxed{答}$$

$$\sin\frac{\pi}{12} = \frac{\sqrt{2}(\sqrt{3}-1)}{4} = \frac{\sqrt{6}-\sqrt{2}}{4} \quad \boxed{答}$$

*146　$(1+i)(\sqrt{3}+i)$ を計算し，$\cos\dfrac{5}{12}\pi$ および $\sin\dfrac{5}{12}\pi$ の値を求めよ。

*147 $\theta = \dfrac{\pi}{18}$ のとき, $\dfrac{(\cos 5\theta + i\sin 5\theta)(\cos 7\theta + i\sin 7\theta)}{\cos 3\theta + i\sin 3\theta}$ の値を求めよ。

148 $z = 4 - \sqrt{3}\,i$ のとき, 点 z を次のように移動した点を表す複素数を求めよ。

(1) 原点のまわりに $\dfrac{\pi}{3}$ だけ回転し, 原点からの距離を 2 倍する。

(2) 原点のまわりに $\dfrac{5}{6}\pi$ だけ回転し, 原点からの距離を $2\sqrt{3}$ 倍する。

*149 複素数平面上の点 z を原点のまわりに $\dfrac{3}{4}\pi$ だけ回転し，原点からの距離を $3\sqrt{2}$ 倍したら 点 $-1+5i$ になった。このとき，複素数 z を求めよ。

150 次の複素数を極形式で表せ。ただし，偏角 θ の範囲は $0 \leqq \theta < 2\pi$ とする。

*(1) $\cos\dfrac{\pi}{6} - i\sin\dfrac{\pi}{6}$

*(2) $-\left(\cos\dfrac{2}{5}\pi + i\sin\dfrac{2}{5}\pi\right)$

(3) $-\cos\dfrac{\pi}{12} + i\sin\dfrac{\pi}{12}$

*(4) $\sin\dfrac{3}{8}\pi + i\cos\dfrac{3}{8}\pi$

3 ド・モアブルの定理

SPIRAL A

151 次の計算をせよ。 ▶教p.84 例10

(1) $\left(\cos\dfrac{\pi}{3} + i\sin\dfrac{\pi}{3}\right)^3$

*(2) $\left(\cos\dfrac{\pi}{6} + i\sin\dfrac{\pi}{6}\right)^4$

*(3) $\left(\cos\dfrac{\pi}{4} + i\sin\dfrac{\pi}{4}\right)^{-2}$

(4) $\left(\cos\dfrac{\pi}{6} + i\sin\dfrac{\pi}{6}\right)^{-5}$

152 $z = \dfrac{\sqrt{3}}{2} + \dfrac{1}{2}i$ のとき，次の式を計算せよ。 ▶教 p.85 例11

(1) z^3 *(2) z^{11}

(3) $\dfrac{1}{z}$ *(4) $\dfrac{1}{z^4}$

153 次の計算をせよ。 ▶教 p.85 例題1

*(1) $(-1+\sqrt{3}\,i)^6$

(2) $(-1+i)^4$

(3) $(1-\sqrt{3}\,i)^5$

*(4) $(1+i)^{-7}$

*154 方程式 $z^5 = 1$ を解き，解を複素数平面上に図示せよ。 ▶教 p.86 例題2

155 次の方程式を解け。 ▶教 p.87 例題3

*(1) $z^3 = 8$

(2) $z^2 = i$

(3) $z^3 = -27i$

*(4) $z^4 = \dfrac{-1 + \sqrt{3}\,i}{2}$

156 次の計算をせよ。

*(1) $\{(1+\sqrt{3}\,i)(1+i)\}^6$

*(2) $\dfrac{1}{(\sqrt{3}-i)^6}$

(3) $\left(\dfrac{1-i}{1-\sqrt{3}\,i}\right)^{10}$

ド・モアブルの定理の利用[1]
▶教 p.99 章末4

例題 17 $(-\sqrt{3}+i)^n$ が実数となるような最小の自然数 n を求めよ。

解 $-\sqrt{3}+i = 2\left(\cos\dfrac{5}{6}\pi + i\sin\dfrac{5}{6}\pi\right)$ であるから，ド・モアブルの定理より

$$(-\sqrt{3}+i)^n = 2^n\left(\cos\dfrac{5}{6}\pi + i\sin\dfrac{5}{6}\pi\right)^n = 2^n\left(\cos\dfrac{5}{6}n\pi + i\sin\dfrac{5}{6}n\pi\right)$$

これが実数となるのは，$\sin\dfrac{5}{6}n\pi = 0$ のときである。

すなわち，$\dfrac{5}{6}n$ が整数であればよいから，最小の自然数 n は　$n = 6$　答

*157　$(-1+i)^n$ が実数となるような最小の自然数 n を求めよ。

例題
18
n を自然数とするとき，次の式の値を求めよ。

$$\left(\frac{1+i}{\sqrt{2}}\right)^n + \left(\frac{1-i}{\sqrt{2}}\right)^n$$

解

$$\frac{1+i}{\sqrt{2}} = \cos\frac{\pi}{4} + i\sin\frac{\pi}{4}, \quad \frac{1-i}{\sqrt{2}} = \cos\left(-\frac{\pi}{4}\right) + i\sin\left(-\frac{\pi}{4}\right)$$

であるから，ド・モアブルの定理より

$$(与式) = \left(\cos\frac{\pi}{4} + i\sin\frac{\pi}{4}\right)^n + \left\{\cos\left(-\frac{\pi}{4}\right) + i\sin\left(-\frac{\pi}{4}\right)\right\}^n$$

$$= \left(\cos\frac{n}{4}\pi + i\sin\frac{n}{4}\pi\right) + \left\{\cos\left(-\frac{n}{4}\pi\right) + i\sin\left(-\frac{n}{4}\pi\right)\right\}$$

$$= \left(\cos\frac{n}{4}\pi + i\sin\frac{n}{4}\pi\right) + \left(\cos\frac{n}{4}\pi - i\sin\frac{n}{4}\pi\right) = 2\cos\frac{n}{4}\pi$$

よって，求める値は，k を自然数とすると

$n = 8k$ のとき 2,

$n = 8k-1,\ 8k-7$ のとき $\sqrt{2}$,

$n = 8k-2,\ 8k-6$ のとき 0,

$n = 8k-3,\ 8k-5$ のとき $-\sqrt{2}$,

$n = 8k-4$ のとき -2 答

---

158 n を自然数とするとき，次の式の値を求めよ。

$$\left(\frac{-1+\sqrt{3}\,i}{2}\right)^n + \left(\frac{-1-\sqrt{3}\,i}{2}\right)^n$$

30

SPIRAL C

例題
19
$z = \cos\dfrac{2}{7}\pi + i\sin\dfrac{2}{7}\pi$ のとき，次の値を求めよ。　　　　　▶ 教 p.99章末5

(1)　z^7　　　　　　　　　　　　　　　(2)　$z^6 + z^5 + z^4 + z^3 + z^2 + z + 1$

考え方　(2)　因数分解　$x^7 - 1 = (x-1)(x^6 + x^5 + x^4 + x^3 + x^2 + x + 1)$　を利用する。

解　(1)　ド・モアブルの定理より
$$z^7 = \left(\cos\dfrac{2}{7}\pi + i\sin\dfrac{2}{7}\pi\right)^7 = \cos 2\pi + i\sin 2\pi = 1 \quad \text{答}$$

(2)　(1)より　$z^7 - 1 = 0$
　　また　$z^7 - 1 = (z-1)(z^6 + z^5 + z^4 + z^3 + z^2 + z + 1)$
　　よって　$(z-1)(z^6 + z^5 + z^4 + z^3 + z^2 + z + 1) = 0$
　　$z \neq 1$ であるから，両辺を $z-1$ で割ると
$$z^6 + z^5 + z^4 + z^3 + z^2 + z + 1 = 0 \quad \text{答}$$

159　$z = \cos\dfrac{4}{5}\pi + i\sin\dfrac{4}{5}\pi$ のとき，次の値を求めよ。

(1)　z^5　　　　　　　　　　　　　　　(2)　$z^4 + z^3 + z^2 + z + 1$

例題 20 等式 $z + \dfrac{1}{z} = 1$ を満たす複素数 z に対して，z^3 の値を求めよ。 ▶図 p.99 章末6

解 等式の両辺に z を掛けて整理すると $z^2 - z + 1 = 0$

この2次方程式を解いて $z = \dfrac{1 \pm \sqrt{3}\,i}{2}$

これを極形式で表すと

$$z = \cos\left(\pm\dfrac{\pi}{3}\right) + i\sin\left(\pm\dfrac{\pi}{3}\right) \quad \text{(複号同順)}$$

よって $z^3 = \left\{\cos\left(\pm\dfrac{\pi}{3}\right) + i\sin\left(\pm\dfrac{\pi}{3}\right)\right\}^3$

$$= \cos(\pm\pi) + i\sin(\pm\pi) \quad \text{(複号同順)}$$

$$= -1 \quad \text{答}$$

別解 等式の両辺に z を掛けて整理すると $z^2 - z + 1 = 0$

したがって $z^2 = z - 1$

よって $z^3 = z^2 \times z = (z-1)z = z^2 - z = (z-1) - z = -1$ **答**

160 等式 $z + \dfrac{1}{z} = -1$ を満たす複素数 z に対して，z^3 の値を求めよ。

❖4 複素数と図形(1)

SPIRAL A

161 複素数平面上の 2 点 $\alpha = 2 - 5i$, $\beta = 6 + 3i$ を結ぶ線分を次の比に内分する点 z_1 と外分する点 z_2 を求めよ。 ▶教 p.89 例12

*(1) 3 : 1

(2) 2 : 3

162 複素数平面上の次の 3 点 A, B, C を頂点とする △ABC の重心を G(z) とするとき, 複素数 z を求めよ。 ▶教 p.89 練習19

*(1) A($-2 + 5i$), B($1 - 9i$), C($7 + i$)

(2) A($5 + 8i$), B($4i$), C($2 - 3i$)

163 複素数平面上で，次の方程式を満たす点 z 全体は，どのような図形か。 ▶教 p.90 例13

*(1) $|z - 3| = 4$ (2) $|2z - i| = 1$

164 複素数平面上で，次の方程式を満たす点 z 全体は，どのような図形か。 ▶教 p.90 例14

*(1) $|z + 3| = |z - 2i|$ *(2) $|z| = |z + 1 - i|$

*165 複素数平面上で，次の図形を表す方程式を，複素数 z を用いて表せ。 ▶教 p.90

(1) 中心が原点，半径 2 の円 (2) 中心が点 $2 + i$，半径 5 の円

(3) 2点 $3 + 2i$，$4 - 7i$ を結ぶ線分の垂直二等分線

*166 複素数平面上の点 A $(3+4i)$ に関して，点 B $(-1+6i)$ と対称な点Cの表す複素数を求めよ。

*167 複素数平面上の 3 点 A$(-1+8i)$, B$(-3+2i)$, C$(4-i)$ に対して，四角形 ABCD が平行四辺形となるような頂点 D の表す複素数を求めよ。

168 複素数平面上の 3 点 $A(z_1)$, $B(z_2)$, $C(z_3)$ を頂点とする $\triangle ABC$ において，辺 BC, CA, AB を $m:n$ に内分する点をそれぞれ $P(w_1)$, $Q(w_2)$, $R(w_3)$ とする。$\triangle PQR$ の重心を $G(w)$ とするとき，複素数 w を z_1, z_2, z_3 で表せ。

169 複素数平面上で，点 z が単位円周上を動くとき，次の式で表される点 w はどのような図形を描くか。 ▶教 p.91 応用例題1

(1) $w = z + 2 - i$

*(2) $w = 4iz - 3$

*(3) $w = \dfrac{3z+i}{z-1}$

170 複素数平面上で，点 z が点 i を中心とする半径 1 の円周上を動くとき，次の式で表される点 w はどのような図形を描くか。

*(1) $w = \dfrac{2z+1}{z-i}$

(2)　$w = \dfrac{1}{z}$

171　複素数平面上で，次の方程式で表される図形を求めよ。　　　　　　　▶教 p.97 思考力✚

$|z + 5| = 3|z - 3|$

例題 21 次の方程式で表される図形を求めよ。

(1) $z\bar{z} = 1$　　　　　　　　　　　　(2) $(z+i)(\bar{z}-i) = 4$

考え方 共役な複素数に関する性質 $z\bar{z} = |z|^2$ および $\overline{z_1+z_2} = \overline{z_1}+\overline{z_2}$ を用いる。

解 (1) $z\bar{z} = |z|^2$ より，与えられた方程式は

$$|z|^2 = 1$$

したがって $|z| = 1$

よって，求める図形は，**中心が原点，半径1の円** 　**答**

(2) $\bar{z}-i = \overline{z+i}$ より，与えられた方程式は　　←$\bar{z}-\overline{(-i)} = \overline{z-(-i)}$

$$(z+i)\overline{(z+i)} = 4$$

すなわち $|z+i|^2 = 4$ より

$$|z+i| = 2$$

よって，求める図形は，**中心が点 $-i$，半径2の円** 　**答**

---

172 次の方程式で表される図形を求めよ。

(1) $z\bar{z} = 9$

(2) $(z-i)(\bar{z}+i) = 5$

(3) $|\bar{z}-2i| = 3$

例題 22 不等式 $|z-i| \leqq 1$ を満たす点 z の存在範囲を，複素数平面上に図示せよ。

解 $|z-i|$ は 2 点 z，i 間の距離であるから，求める範囲は，点 i からの距離が 1 以下である点の集合である。

よって，点 i を中心とする半径 1 の円の周と内部であり，**右の図の斜線部分 （境界線を含む）** である。

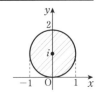

173 次の不等式を満たす点 z の存在範囲を，複素数平面上に図示せよ。

(1) $|z+2i| \leqq 1$

(2) $1 \leqq |z| \leqq 2$

(3) $|z-1| < |z-3|$

174 複素数 z が $|z| = 3$ を満たしながら変化するとき, $w = \dfrac{iz}{z-1}$ で与えられる複素数 w は複素数平面上でどのような図形を描くか。

▶教p.100章末11

❖4 複素数と図形⑵

SPIRAL **A**

175 複素数平面上の次の2点A, Bに対して, ∠AOB を求めよ。　▶國p.92例15

*(1)　$A(2+3i)$, $B(-1+5i)$

(2)　$A(3\sqrt{3}+i)$, $B(-\sqrt{3}+2i)$

176 複素数平面上の次の3点 A，B，C に対して，∠BAC を求めよ。　　　　▶國p.93例16

*(1)　A$(1+2i)$，B$(4+i)$，C$(3+8i)$

(2)　A$(\sqrt{3}+i)$，B$(2\sqrt{3}+i)$，C$(-2\sqrt{3}+4i)$

*177　複素数平面上の 3 点 A$(3-2i)$, B$(7-5i)$, C$(k+4i)$ について，次の条件を満たすように，実数 k の値をそれぞれ定めよ。　　　　　　　　　　　▶圏 p.95 例題5

(1)　3 点 A，B，C が一直線上にある

(2)　AB $\perp$ AC

SPIRAL B

178 複素数平面上の 3 点 A(α), B(β), C(γ) について，次の式が成り立つとき，△ABC はどのような三角形か。

▶教 p.96 応用例題2

*(1) $\dfrac{\gamma - \alpha}{\beta - \alpha} = \dfrac{-1 + i}{\sqrt{2}}$

*(2) $\dfrac{\gamma - \alpha}{\beta - \alpha} = 2i$

(3) $\dfrac{\gamma - \alpha}{\beta - \alpha} = \dfrac{3 + \sqrt{3}\,i}{4}$

179 複素数平面上の 3 点 A$(2+i)$, B$(6+3i)$, C(γ) について, $\triangle$ABC が $\angle$C $=90°$ の直角二等辺三角形であるとき, 複素数 γ を求めよ。

| 例題 23 | 点 $z = 5 + i$ を点 $z_0 = 3 + 5i$ のまわりに $\dfrac{\pi}{6}$ だけ回転した点 z' を表す複素数を求めよ。 |

考え方　点 z を $-z_0$ だけ平行移動した点 $z - z_0$ を，原点のまわりに $\dfrac{\pi}{6}$ だけ回転し，z_0 だけ平行移動した点が z' である。

解　点 z を $-z_0$ だけ平行移動した点は
$$z - z_0 = (5 + i) - (3 + 5i) = 2 - 4i$$

点 $z - z_0$ を原点のまわりに $\dfrac{\pi}{6}$ だけ回転した点は
$$\left(\cos\frac{\pi}{6} + i\sin\frac{\pi}{6} \right)(z - z_0) = \left(\frac{\sqrt{3}}{2} + \frac{1}{2}i \right)(2 - 4i)$$
$$= (2 + \sqrt{3}) + (1 - 2\sqrt{3})i$$

この点を z_0 だけ平行移動した点が z' である。
よって　$z' = \{(2 + \sqrt{3}) + (1 - 2\sqrt{3})i\} + (3 + 5i)$
$$= (5 + \sqrt{3}) + (6 - 2\sqrt{3})i \quad \text{答}$$

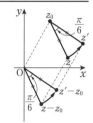

180　点 $z = 5 + 4i$ を点 $z_0 = 1 + 2i$ のまわりに $\dfrac{\pi}{3}$ だけ回転した点 z' を表す複素数を求めよ。

50

SPIRAL **C**

三角形の形状

例題 24
複素数平面上の原点 O と異なる 2 点 A(α), B(β) について,
等式 $\alpha^2 + \alpha\beta + \beta^2 = 0$ が成り立つとき，次の問いに答えよ。 ▶𝗺p.100章末10

(1) $\dfrac{\beta}{\alpha}$ の値を求めよ。　　　　　(2) △OAB はどのような三角形か。

解

(1) $\alpha \neq 0$ であるから，
$\alpha^2 + \alpha\beta + \beta^2 = 0$ の両辺を α^2 で割って整理すると
$$\left(\dfrac{\beta}{\alpha}\right)^2 + \dfrac{\beta}{\alpha} + 1 = 0$$
よって　$\dfrac{\beta}{\alpha} = \dfrac{-1 \pm \sqrt{3}\,i}{2}$ 答

(2) (1)より
$$\dfrac{\beta}{\alpha} = \cos\left(\pm\dfrac{2}{3}\pi\right) + i\sin\left(\pm\dfrac{2}{3}\pi\right) \quad (複号同順)$$
ゆえに，$\left|\dfrac{\beta}{\alpha}\right| = 1$ より　$\dfrac{|\beta|}{|\alpha|} = \dfrac{\mathrm{OB}}{\mathrm{OA}} = 1$
すなわち　OA＝OB
$\arg\dfrac{\beta}{\alpha} = \pm\dfrac{2}{3}\pi$ より　∠AOB $= \pm\dfrac{2}{3}\pi$
よって，△OAB は，**OA ＝ OB, ∠O ＝ 120° の二等辺三角形** 答

181 複素数平面上の原点 O と異なる 2 点 A(α), B(β) について，等式 $\alpha^2 - \alpha\beta + \beta^2 = 0$ が成り立つとき，次の問いに答えよ。

(1) $\dfrac{\beta}{\alpha}$ の値を求めよ。　　　　　(2) △OAB はどのような三角形か。

182 複素数平面上の原点 O と異なる 2 点 A(α), B(β) について，$\alpha\overline{\beta} + \overline{\alpha}\beta = 0$ が成り立つとき，OA $\perp$ OB であることを示せ。

183 複素数平面上の 4 点 A(α), B(β), C(γ), D(δ) について, 四角形 ABCD が円に内接するとき, $\dfrac{\beta - \gamma}{\alpha - \gamma} \div \dfrac{\beta - \delta}{\alpha - \delta}$ は実数であることを示せ。

複素数平面上の点の対称移動

例題 25 原点 O と点 $\alpha = 1 + i$ を通る直線を l とする。点 z を直線 l に関して対称移動した点を z' とするとき，z' を z を用いた式で表せ。

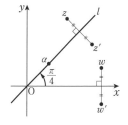

考え方 $\arg \alpha = \theta$ とするとき，点 z を次の手順で移動すればよい。

①　原点のまわりに $-\theta$ だけ回転する

②　実軸に関して対称移動する（共役な複素数をとる）

③　原点のまわりに θ だけ回転する

解

$$\arg \alpha = \arg(1 + i) = \frac{\pi}{4}$$

点 z および点 z' を原点のまわりに $-\dfrac{\pi}{4}$ だけ回転した点をそれぞれ w，w' とすると，2 点 w，w' は実軸に関して対称であるから

$$w' = \overline{w}$$

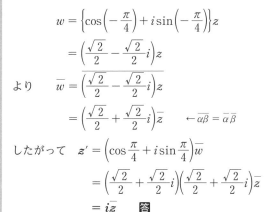

よって，求める点 z' は，点 $\overline{w}$ を原点のまわりに $\dfrac{\pi}{4}$ だけ回転した点である。

$$w = \left\{ \cos\left(-\frac{\pi}{4} \right) + i\sin\left(-\frac{\pi}{4} \right) \right\} z$$

$$= \left(\frac{\sqrt{2}}{2} - \frac{\sqrt{2}}{2}i \right) z$$

より　$\overline{w} = \overline{\left(\dfrac{\sqrt{2}}{2} - \dfrac{\sqrt{2}}{2}i \right) z}$

$$= \left(\frac{\sqrt{2}}{2} + \frac{\sqrt{2}}{2}i \right) \overline{z} \qquad \leftarrow \overline{\alpha\beta} = \overline{\alpha}\,\overline{\beta}$$

したがって　$z' = \left(\cos \dfrac{\pi}{4} + i\sin \dfrac{\pi}{4} \right) \overline{w}$

$$= \left(\frac{\sqrt{2}}{2} + \frac{\sqrt{2}}{2}i \right) \left(\frac{\sqrt{2}}{2} + \frac{\sqrt{2}}{2}i \right) \overline{z}$$

$$= i\overline{z} \quad \boxed{答}$$

184 原点 O と点 $\alpha = 1 + \sqrt{3}\,i$ を通る直線を l とする。点 z を直線 l に関して対称移動した点を z' とするとき，z' を z を用いた式で表せ。

3章　平面上の曲線

1節　2次曲線

❖1 ┃ 放物線

SPIRAL A

*185 次の放物線の方程式を求めよ。　　　　　　　　　　　　　　　　▶教p.104 例1

(1) 焦点 $(3,\ 0)$，準線 $x = -3$　　　　　(2) 焦点 $\left(-\dfrac{1}{4},\ 0\right)$，準線 $x = \dfrac{1}{4}$

*186 次の放物線の焦点の座標および準線の方程式を求めよ。また，その概形をかけ。

▶教p.104 例2

(1) $y^2 = 2x$　　　　　　　　　　　　　(2) $y^2 = -4x$

(3)　$y^2 = \dfrac{1}{4}x$

(4)　$y^2 = -\dfrac{1}{2}x$

*187　次の放物線の方程式を求めよ。　　　　　　　　　　　　　　　　　▶教p.105例3

(1)　焦点 $(0, 3)$, 準線 $y = -3$

(2)　焦点 $\left(0, -\dfrac{1}{8}\right)$, 準線 $y = \dfrac{1}{8}$

*188 次の放物線の焦点の座標および準線の方程式を求めよ。また，その概形をかけ。

▶教p.105例4

(1) $x^2 = y$

(2) $x^2 = -2y$

(3) $x^2 = \dfrac{1}{2}y$

(4) $x^2 = -\dfrac{1}{4}y$

SPIRAL B

*189 次のような放物線の方程式を求めよ。

(1) 頂点が原点，焦点が $(2,\ 0)$

(2) 頂点が原点，準線が $y=3$

*190 次のような放物線の方程式を求めよ。

(1) 軸が x 軸，頂点が原点で点 $(-4,\ 2\sqrt{2}\,)$ を通る。

(2) 軸が y 軸，頂点が原点で点 $(\sqrt{6}\,,\ \sqrt{3}\,)$ を通る。

例題 26 点 A $(2, 0)$ を通り，直線 $x = -2$ に接する円の中心を C (x, y) とする。点 C の軌跡はどのような曲線になるか。

解 点 C は，直線 $x = -2$ と点 A から等距離にあるので，その軌跡は焦点が点 A $(2, 0)$，準線が直線 $x = -2$ の放物線である。

すなわち，$y^2 = 4 \times 2 \times x$ より

放物線 $y^2 = 8x$ **答**

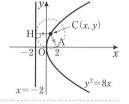

別解 点 C から直線 $x = -2$ におろした垂線を CH とすると，

CH = CA であるから $|x+2| = \sqrt{(x-2)^2 + y^2}$

両辺を 2 乗すると $(x+2)^2 = (x-2)^2 + y^2$

展開して整理すると $y^2 = 8x$ ……①

よって，点 C は放物線①上にある。

逆に，放物線①上の任意の点は与えられた条件を満たす。

したがって，点 C の軌跡は

放物線 $y^2 = 8x$ **答**

*191 点 A $(4, 0)$ を通り，直線 $x = -4$ に接する円の中心を C (x, y) とする。点 C の軌跡はどのような曲線になるか。

192 点 A $(0, 1)$ を通り，直線 $y = -1$ に接する円の中心を C (x, y) とする。点 C の軌跡はどのような曲線になるか。

193 円 $(x-2)^2 + y^2 = 1$ と外接し，直線 $x = -1$ に接する円の中心 P(x, y) の軌跡を求めよ。

❖2 楕円

SPIRAL A

*194 次の楕円の焦点と頂点の座標を求め，その概形をかけ。また，長軸の長さ，短軸の長さを求めよ。
▶教p.107例5

(1) $\dfrac{x^2}{9} + \dfrac{y^2}{4} = 1$

(2) $\dfrac{x^2}{16} + \dfrac{y^2}{9} = 1$

(3) $x^2 + 9y^2 = 9$

(4) $3x^2 + 4y^2 = 12$

*195 次のような楕円の方程式を求めよ。　　　　　　　　　　▶教 p.108 例題1

(1) 2点 $(3, 0)$, $(-3, 0)$ を焦点とし，焦点からの距離の和が 10

(2) 2点 $(2\sqrt{3}, 0)$, $(-2\sqrt{3}, 0)$ を焦点とし，焦点からの距離の和が 8

*196 次の楕円の焦点と頂点の座標を求め，その概形をかけ。また，長軸の長さ，短軸の長さを
求めよ。
▶教p.109例6

(1) $\dfrac{x^2}{4} + \dfrac{y^2}{16} = 1$

(2) $\dfrac{x^2}{9} + \dfrac{y^2}{16} = 1$

(3) $4x^2 + y^2 = 4$

(4) $25x^2 + 4y^2 = 100$

*197 次の曲線を求めよ。　　　　　　　　　　　　　　　　　▶教p.110例題2

(1) 円 $x^2 + y^2 = 9$ を，x 軸をもとにして y 軸方向に $\dfrac{1}{3}$ 倍して得られる曲線

(2) 円 $x^2 + y^2 = 4$ を，y 軸をもとにして x 軸方向に $\dfrac{1}{2}$ 倍して得られる曲線

198 円 $x^2 + y^2 = 9$ を，x 軸をもとにして y 軸方向に $\dfrac{5}{3}$ 倍して得られる曲線を求めよ。

▶教 p.110 例題2

*199 次のような楕円の方程式を求めよ。

(1) 2点 $(3,\ 0)$, $(-3,\ 0)$ を焦点とし，短軸の長さが 4

(2)　2 点 $(0, 2)$, $(0, -2)$ を焦点とし，長軸の長さが 6

(3)　2 点 $(0, 3)$, $(0, -3)$ を焦点とし，焦点からの距離の和が 8

200 次の楕円の方程式を求めよ。

(1) 2点 $(4, 0)$, $(-4, 0)$ を焦点とし，点 $(3, \sqrt{15})$ を通る楕円

(2) 2点 $(0, \sqrt{3})$, $(0, -\sqrt{3})$ を焦点とし，点 $(1, 2)$ を通る楕円

201 座標平面上において，線分 AB が次の条件を満たしながら，点Aはx軸上を，点Bはy軸上を動くとき，点Pの軌跡を求めよ。 ▶教p.111応用例題1

*(1) AB = 4，線分 AB を 1:3 に内分する点P

*(2) AB = 7，線分 AB を 4:3 に内分する点P

(3)　AB = 3，線分 AB を 2 : 1 に外分する点 P

∴3 双曲線

SPIRAL A

*202 次の双曲線の焦点, 頂点の座標を求めよ。 ▶教p.113例7

(1) $\dfrac{x^2}{8} - \dfrac{y^2}{4} = 1$

(2) $\dfrac{x^2}{9} - \dfrac{y^2}{16} = 1$

(3) $x^2 - y^2 = 4$

(4) $4x^2 - 5y^2 = 20$

*203 次の双曲線の頂点の座標と漸近線の方程式を求めよ。また，その概形をかけ。

▶教p.115例8

(1) $\dfrac{x^2}{16} - \dfrac{y^2}{9} = 1$

(2) $x^2 - \dfrac{y^2}{4} = 1$

(3) $x^2 - y^2 = 9$

(4) $x^2 - 9y^2 = 9$

*204 次の双曲線の頂点の座標と漸近線の方程式を求めよ。また，その概形をかけ。

▶ 教 p.116 例9

(1) $\dfrac{x^2}{25} - \dfrac{y^2}{16} = -1$

(2) $\dfrac{x^2}{9} - \dfrac{y^2}{16} = -1$

(3) $x^2 - y^2 = -4$

(4) $4x^2 - y^2 + 4 = 0$

205 次のような双曲線の方程式を求めよ。

(1) 2点 $(2, 0)$, $(-2, 0)$ を頂点とし，焦点が $(\sqrt{5}, 0)$, $(-\sqrt{5}, 0)$

(2) 2点 $(4, 0)$, $(-4, 0)$ を焦点とし，漸近線が 2 直線 $y = x$, $y = -x$

206 次のような双曲線の方程式を求めよ。

(1) 2点 $(0, 3)$, $(0, -3)$ を頂点とし，焦点が $(0, 5)$, $(0, -5)$

(2) 2点 $(0, 2)$, $(0, -2)$ を焦点とし，漸近線が2直線 $y = \sqrt{3}\,x$, $y = -\sqrt{3}\,x$

207 2点 $(3, 0)$, $(-3, 0)$ を焦点とし，点 $(5, 4)$ を通る双曲線の方程式を求めよ。

208　2 点 $(5, 0), (-5, 0)$ を焦点とし，焦点からの距離の差が 8 である双曲線の方程式を求めよ。

| 例題 27 | 点 $(3, 0)$ を通り，2 直線 $y = 2x$，$y = -2x$ を漸近線とする双曲線の方程式を求めよ。 |

| 解 | 与えられた条件より，頂点の 1 つは点 $(3, 0)$ であるから |

求める双曲線の方程式は $\dfrac{x^2}{a^2} - \dfrac{y^2}{b^2} = 1$ （$a > 0$，$b > 0$）

とおける。

点 $(3, 0)$ を通るから $\dfrac{9}{a^2} = 1$ 　$a > 0$ より 　$a = 3$ 　……①

2 直線 $y = 2x$，$y = -2x$ を漸近線とするから 　$\dfrac{b}{a} = 2$

①より 　$b = 6$

よって，求める双曲線の方程式は 　$\dfrac{x^2}{9} - \dfrac{y^2}{36} = 1$ 　**答**

209 点 $(0, 3)$ を通り，2 直線 $y = 3x$，$y = -3x$ を漸近線とする双曲線の方程式を求めよ。

4　2次曲線の平行移動

*210　次の曲線を x 軸方向に 1，y 軸方向に -2 だけ平行移動して得られる曲線の方程式と焦点の座標を求めよ。　　　　▶教p.119例10

(1)　$\dfrac{x^2}{8} + \dfrac{y^2}{4} = 1$

(2)　$x^2 + \dfrac{y^2}{2} = 1$

(3)　$y^2 = -8x$

(4)　$x^2 = 4y$

211 次の双曲線を x 軸方向に -2, y 軸方向に 1 だけ平行移動して得られる双曲線の方程式および，焦点の座標，漸近線の方程式をそれぞれ求めよ。　　　　　　▶國p.120例題3

(1) $x^2 - \dfrac{y^2}{3} = 1$

*(2) $x^2 - y^2 = -2$

SPIRAL B

212 次の方程式はどのような曲線を表すか。また，その概形をかけ。 ▶𝟙p.121 例題4

*(1) $y^2 - 4y - 4x - 4 = 0$

(2) $x^2 + 2x - 2y + 3 = 0$

*(3) $x^2 + 4y^2 - 4x = 0$

(4) $4x^2 + 9y^2 + 8x - 18y - 23 = 0$

*(5) $x^2 - y^2 - 4x + 4y - 1 = 0$

(6) $4x^2 - y^2 + 2y + 3 = 0$

❖5 2次曲線と直線

SPIRAL A

213 次の 2 次曲線と直線の共有点の座標を求めよ。 ▶教p.122例題5

(1) $\dfrac{x^2}{4} + \dfrac{y^2}{8} = 1$, $y = x - 2$

*(2) $\dfrac{x^2}{16} + \dfrac{y^2}{12} = 1$, $x + 2y = 8$

(3) $\dfrac{x^2}{12} - \dfrac{y^2}{3} = 1, \quad x - 2y + 4 = 0$

*(4) $2x^2 - y^2 = 1, \quad 2x - y + 3 = 0$

(5) $y^2 = 6x, \;\; 3x + y - 12 = 0$

*(6) $y^2 = -2x, \;\; y = 4x + 6$

*214 次の2次曲線と直線の共有点の個数は，k の値によってどのように変わるか調べよ。

▶教 p.123 例題6

(1) 楕円 $\dfrac{x^2}{9} + \dfrac{y^2}{4} = 1$，直線 $y = x + k$

(2)　双曲線 $\dfrac{x^2}{4} - \dfrac{y^2}{9} = 1$，直線 $y = -x + k$

(3)　放物線 $y^2 = 8x$，直線 $y = 2x + k$

SPIRAL B

*215 次の 2 次曲線上の点における接線の方程式を求めよ。 ▶教 p.124 応用例題2

(1) 放物線 $y^2 = 4x$ 上の点 $(1, -2)$

(2) 楕円 $\dfrac{x^2}{12} + \dfrac{y^2}{4} = 1$ 上の点 $(3,\ 1)$

(3) 双曲線 $\dfrac{x^2}{8} - \dfrac{y^2}{4} = 1$ 上の点 $(4,\ 2)$

例題 28 楕円 $\dfrac{x^2}{4}+y^2=1$ と直線 $x-2y+1=0$ の2つの交点を P, Q とするとき，線分 PQ の中点 M の座標を求めよ。

解 $x-2y+1=0$ より，$2y=x+1$ ……①

また，$\dfrac{x^2}{4}+y^2=1$ より $x^2+4y^2=4$

これに①を代入して $x^2+(x+1)^2=4$

展開して整理すると $2x^2+2x-3=0$

交点 P, Q の座標を $(x_1,\ y_1),\ (x_2,\ y_2)$ とおくと，

線分 PQ の中点 M の x 座標は $\dfrac{x_1+x_2}{2}$

2次方程式 $2x^2+2x-3=0$ の解と係数の関係より

$$x_1+x_2=-\frac{2}{2}=-1$$

$$\frac{x_1+x_2}{2}=-\frac{1}{2}$$

また，中点 M の y 座標は①より

$$2y=-\frac{1}{2}+1$$

$$y=\frac{1}{4}$$

よって，中点 M の座標は $\left(-\dfrac{1}{2},\ \dfrac{1}{4}\right)$ 答

216 双曲線 $x^2-4y^2=1$ と直線 $x-y+2=0$ の2つの交点を P, Q とするとき，線分 PQ の中点 M の座標を求めよ。

217 放物線 $y^2 = x + 3$ と直線 $x - y + 1 = 0$ の 2 つの交点を P, Q とするとき，線分 PQ の長さと線分 PQ の中点 M の座標を求めよ。

218 双曲線 $x^2 - y^2 = -1$ と直線 $y = \dfrac{1}{2}x + 1$ の 2 つの交点を P, Q とするとき, 線分 PQ の長さと線分 PQ の中点 M の座標を求めよ。

楕円によって切り取られる線分の中点の軌跡

例題 **29**

楕円 $\dfrac{x^2}{12}+\dfrac{y^2}{4}=1$ と直線 $y=x+k$ が異なる2点A, Bで交わるとき, 定数 k の値の範囲を求めよ。また, 線分ABの中点Mの軌跡を求めよ。

▶教 p.146章末8

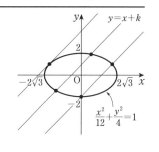

解

$y=x+k$ を $\dfrac{x^2}{12}+\dfrac{y^2}{4}=1$ に代入して整理すると

$$4x^2+6kx+3k^2-12=0 \quad\cdots\cdots①$$

2次方程式①の判別式を D とすると

$$D=36k^2-16(3k^2-12)=-12(k+4)(k-4)$$

$D>0$ より, k の値の範囲は $-4<k<4$ 答

また, 交点A, Bの x 座標をそれぞれ α, β とおくと,

α, β は2次方程式①の解である。

解と係数の関係から

$$\alpha+\beta=-\dfrac{6k}{4}=-\dfrac{3k}{2}$$

よって, 線分ABの中点Mの座標を (x, y) とすると

$$x=\dfrac{\alpha+\beta}{2}=-\dfrac{3k}{4} \quad\cdots\cdots②$$

中点Mは, 直線 $y=x+k$ 上の点であるから

$$y=-\dfrac{3k}{4}+k=\dfrac{k}{4} \quad\cdots\cdots③$$

②, ③より $y=-\dfrac{x}{3}$

ただし, $-4<k<4$ であるから, ②より $-3<x<3$

以上より, 求める軌跡は, **直線 $y=-\dfrac{x}{3}$ の $-3<x<3$ の部分** である。 答

219 楕円 $x^2 + \dfrac{y^2}{3} = 1$ と直線 $y = -x + k$ が異なる 2 点 A, B で交わるとき, 定数 k の値の範囲を求めよ。また, 線分 AB の中点 M の軌跡を求めよ。

思考力 PLUS 2次曲線の接線
SPIRAL C

例題 30

$y_1 \ne 0$ のとき，楕円 $\dfrac{x^2}{a^2} + \dfrac{y^2}{b^2} = 1$ 上の点 $(x_1,\ y_1)$ における接線の方程式は

$\dfrac{x_1 x}{a^2} + \dfrac{y_1 y}{b^2} = 1$ であることを示せ。

証明

$y_1 \ne 0$ のとき $\dfrac{x_1 x}{a^2} + \dfrac{y_1 y}{b^2} = 1$ より $y = \dfrac{b^2}{y_1}\left(1 - \dfrac{x_1 x}{a^2}\right)$

これを $\dfrac{x^2}{a^2} + \dfrac{y^2}{b^2} = 1$ に代入して整理すると

$$\left(\dfrac{x_1{}^2}{a^2} + \dfrac{y_1{}^2}{b^2}\right)x^2 - 2x_1 x + a^2\left(1 - \dfrac{y_1{}^2}{b^2}\right) = 0 \quad \cdots\cdots ①$$

$(x_1,\ y_1)$ は楕円 $\dfrac{x^2}{a^2} + \dfrac{y^2}{b^2} = 1$ 上の点であるから

$$\dfrac{x_1{}^2}{a^2} + \dfrac{y_1{}^2}{b^2} = 1, \quad 1 - \dfrac{y_1{}^2}{b^2} = \dfrac{x_1{}^2}{a^2}$$

ゆえに，①は $x^2 - 2x_1 x + x_1{}^2 = 0$

$(x - x_1)^2 = 0$

この2次方程式は重解 $x = x_1$ をもつ。すなわち，$\dfrac{x_1 x}{a^2} + \dfrac{y_1 y}{b^2} = 1$ は

楕円 $\dfrac{x^2}{a^2} + \dfrac{y^2}{b^2} = 1$ 上の点 $(x_1,\ y_1)$ における接線の方程式である。 ■

220 $y_1 \ne 0$ のとき，放物線 $y^2 = 4px$ 上の点 $(x_1,\ y_1)$ における接線の方程式は
$y_1 y = 2p(x + x_1)$ であることを示せ。

221 次の曲線上の与えられた点における接線の方程式を求めよ。

(1) $\dfrac{x^2}{9} + \dfrac{y^2}{4} = 1$ $\left(1, \ -\dfrac{4\sqrt{2}}{3}\right)$

(2) $x^2 - y^2 = 1$ $(3, \ 2\sqrt{2})$

(3) $y^2 = 4x$ $(4, \ -4)$

思考力 ➕ 2次曲線の離心率

SPIRAL **C**

2次曲線の離心率

例題 31

定点 F の座標を $(9, 0)$，点 P から直線 $x = 1$ におろした垂線を PH とするとき，

$\dfrac{PF}{PH} = 3$ である点 P の軌跡を求めよ。

▶教 p.126 思考力➕

解 点 P の座標を (x, y) とすると

$$PF = \sqrt{(x-9)^2 + y^2}, \quad PH = |x-1|$$

$\dfrac{PF}{PH} = 3$ より PF = 3PH

ゆえに $\sqrt{(x-9)^2 + y^2} = 3|x-1|$

両辺を2乗すると $(x-9)^2 + y^2 = 9(x-1)^2$

展開して整理すると $8x^2 - y^2 = 72$

すなわち，求める軌跡は

双曲線 $\dfrac{x^2}{9} - \dfrac{y^2}{72} = 1$

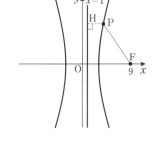

222 定点 F の座標を $(2, 0)$，点 P から直線 $x = \dfrac{1}{2}$ におろした垂線を PH とするとき，

$\dfrac{PF}{PH} = 2$ である点 P の軌跡を求めよ。

223 定点 F の座標を $(1,\ 0)$，点 P から直線 $x=3$ におろした垂線を PH とするとき，$\mathrm{PF} : \mathrm{PH} = 1 : \sqrt{3}$ である点 P の軌跡を求めよ。

2節　媒介変数表示と極座標

1 媒介変数表示

SPIRAL A

*224 次のように媒介変数表示された曲線は，どのような曲線を表すか。　▶教p.129例1

(1) $\begin{cases} x = 8t^2 \\ y = 4t \end{cases}$

(2) $\begin{cases} x = 2 - t \\ y = 1 - t^2 \end{cases}$

(3) $\begin{cases} x = 3 + 2t \\ y = 2t^2 - 6 \end{cases}$

*225 次の放物線の頂点は，t の値が変化するとき，どのような曲線を描くか。　▶教 p.129 例題1

(1)　$y = x^2 + 6tx - 1$

(2)　$y = -2x^2 + 4tx + 4t + 1$

226 次の方程式で表される曲線を，媒介変数 θ を用いて表せ。 ▶教 p.130 例2

(1) $x^2 + y^2 = 1$ *(2) $x^2 + y^2 = 5$

*(3) $\dfrac{x^2}{49} + \dfrac{y^2}{9} = 1$ (4) $x^2 + \dfrac{y^2}{8} = 1$

227 次の放物線の頂点は，t の値が変化するとき，どのような曲線を描くか。

(1) $y = x^2 + 3tx + 6t + 3$

(2) $y = -x^2 + tx + 2x + 2t + 4$

SPIRAL C

例題 32 次のように媒介変数表示された曲線は，どのような曲線を表すか。

(1) $x = 2\cos\theta - 1,\ y = 2\sin\theta + 2$

(2) $x = 2\tan\theta,\ y = \dfrac{1}{\cos\theta}$

考え方 三角関数の相互関係

$$\sin^2\theta + \cos^2\theta = 1,\ 1 + \tan^2\theta = \dfrac{1}{\cos^2\theta}$$

を用いて，θ を消去する。

解 (1) $\cos\theta = \dfrac{x+1}{2},\ \sin\theta = \dfrac{y-2}{2}$

これらを $\sin^2\theta + \cos^2\theta = 1$ に代入すると

$$\left(\dfrac{y-2}{2}\right)^2 + \left(\dfrac{x+1}{2}\right)^2 = 1\ \text{より}\ (x+1)^2 + (y-2)^2 = 4$$

これは，**点 $(-1,\ 2)$ を中心とする半径 2 の円**を表す。 **答**

(2) $\tan\theta = \dfrac{x}{2},\ \dfrac{1}{\cos\theta} = y$

これらを $1 + \tan^2\theta = \dfrac{1}{\cos^2\theta}$ に代入すると

$$1 + \left(\dfrac{x}{2}\right)^2 = y^2\ \text{より}\ \dfrac{x^2}{4} - y^2 = -1$$

これは，**双曲線 $\dfrac{x^2}{4} - y^2 = -1$** を表す。 **答**

228 次のように媒介変数表示された曲線は，どのような曲線を表すか。

(1) $x = 3\cos\theta + 1,\ y = 3\sin\theta - 3$

(2) $x = 2\cos\theta - 1,\ y = \sin\theta + 2$

(3) $x = 5\tan\theta,\ y = \dfrac{3}{\cos\theta}$

(4) $x = \sin\theta,\ y = \cos 2\theta$

229 次のように媒介変数表示された曲線は，どのような曲線を表すか。

(1) $x = \sqrt{t}$, $y = t + 2$

(2) $x = \sqrt{t+1}$, $y = \sqrt{t}$

(3) $x = \sqrt{4 - t^2}, \quad y = t^2 + 4$

例題 33

次のように媒介変数表示された曲線は，どのような曲線を表すか。

$$x = \frac{1-t^2}{1+t^2} \quad \cdots\cdots① , \qquad y = \frac{6t}{1+t^2} \quad \cdots\cdots②$$

解

①より

$$(1+t^2)x = 1-t^2$$
$$(1+x)t^2 = 1-x \quad \cdots\cdots③$$

$x = -1$ は③を満たさないから $x \neq -1$

ゆえに $t^2 = \dfrac{1-x}{1+x} \quad \cdots\cdots④$

②より $(1+t^2)y = 6t$

④を代入して $\left(1+\dfrac{1-x}{1+x}\right)y = 6t$ すなわち $\dfrac{2y}{1+x} = 6t$

よって $t = \dfrac{y}{3(1+x)} \quad \cdots\cdots⑤$

⑤を④に代入して $\dfrac{y^2}{9(1+x)^2} = \dfrac{1-x}{1+x}$

$$y^2 = 9(1-x)(1+x)$$
$$y^2 = 9(1-x^2)$$
$$x^2 + \frac{y^2}{9} = 1$$

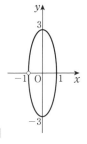

したがって，この媒介変数表示は**楕円 $x^2 + \dfrac{y^2}{9} = 1$ の $(-1,\ 0)$ を除く部分**を表す。 **答**

230 次のように媒介変数表示された曲線について，次の問いに答えよ。

$$x = \frac{2(1-t^2)}{1+t^2} \ \cdots\cdots ① , \quad y = \frac{2t}{1+t^2} \ \cdots\cdots ②$$

(1) ①より t^2 を x を用いて表せ。

(2) (1)と②より，t を x，y で表せ。

(3) (1)，(2)より t を消去して，この媒介変数表示が表す曲線がどのような曲線か調べよ。

231 次のように媒介変数表示された曲線は，どのような曲線を表すか。

(1) $x = \dfrac{1-t^2}{1+t^2}, \quad y = \dfrac{4t}{1+t^2}$

(2) $x = \dfrac{1+t^2}{1-t^2}, \qquad y = \dfrac{2t}{1-t^2}$

∴2　極座標

SPIRAL　A

*232　次の極座標で表された点を図に示せ。　▶教p.133例3

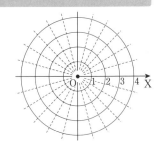

(1) $\left(2, \dfrac{\pi}{6}\right)$

(2) $\left(3, \dfrac{3}{4}\pi\right)$

(3) $\left(4, \dfrac{11}{6}\pi\right)$

(4) $\left(2, -\dfrac{\pi}{2}\right)$

(5) $\left(3, -\dfrac{2}{3}\pi\right)$

(6) $\left(4, -\dfrac{7}{4}\pi\right)$

*233　右の図の正方形 ABCD において，対角線 AC と BD の交点O を極
とし，辺 AD の中点Eは始線 OX 上にあり，E の極座標を $(1, 0)$ とする。
このとき，次の点の極座標 (r, θ) を求めよ。
ただし，$0 \leqq \theta < 2\pi$ とする。　▶教p.133例4

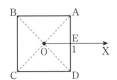

(1) 点 A

(2) 点 D

(3) 辺 AB の中点 M

*234 極座標で表された次の点を直交座標で表せ。 ▶教 p.134 例5

(1) $\left(2, \dfrac{\pi}{4}\right)$

(2) $\left(4, \dfrac{2}{3}\pi\right)$

(3) $\left(8, \dfrac{3}{2}\pi\right)$

(4) $\left(2\sqrt{3}, \dfrac{7}{6}\pi\right)$

(5) $\left(3\sqrt{2}, \dfrac{5}{4}\pi\right)$

(6) $\left(4\sqrt{6}, \dfrac{5}{3}\pi\right)$

*235 直交座標で表された次の点を極座標 $(r,\ \theta)$ で表せ。

ただし，$0 \leqq \theta < 2\pi$ とする。 ▶教 p.135 例題2

(1) $(2\sqrt{3},\ 2)$ (2) $(3,\ 3)$

(3) $(-2,\ 2\sqrt{3})$ (4) $(-\sqrt{6},\ -3\sqrt{2})$

(5) $(0,\ -5)$ (6) $(6,\ -2\sqrt{3})$

SPIRAL **B**

例題
34

Oを極とし，2点 A，B の極座標を $A\left(3, \dfrac{\pi}{3}\right)$，$B\left(4, \dfrac{2}{3}\pi\right)$ とするとき，次の問いに答えよ。

(1) 線分 AB の長さを求めよ。　　　　(2) △OAB の面積を求めよ。

解

(1) 右の図の △OAB において，$\angle AOB = \dfrac{2}{3}\pi - \dfrac{\pi}{3} = \dfrac{\pi}{3}$

余弦定理より

$$AB^2 = 3^2 + 4^2 - 2 \times 3 \times 4 \cos\dfrac{\pi}{3}$$

$$= 9 + 16 - 12 = 13$$

$AB > 0$ より　$AB = \sqrt{13}$　答

(2) $\triangle OAB = \dfrac{1}{2} \times 3 \times 4 \times \sin\dfrac{\pi}{3} = 3\sqrt{3}$　答

---

*236 Oを極とし，2点 A，B の極座標を $A\left(4, \dfrac{\pi}{6}\right)$，$B\left(\sqrt{3}, \dfrac{\pi}{3}\right)$ とするとき，次の問いに答え
よ。

(1) 線分 AB の長さを求めよ。

(2) △OAB の面積を求めよ。

237 Oを極とし，点 A の極座標を $(2r, \theta)$ とする。OA の中点 M を中心に点 A を θ だけ回転して得られる点を P とする。点 P の極座標を r, θ を用いて表せ。

ただし，$0 < \theta < \dfrac{\pi}{2}$ とする。

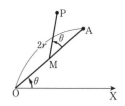

3 極方程式

*238 次の極座標で表された点を図示せよ。　　　　　　　　　　　▶教p.136例6

(1) $\left(-3, \dfrac{\pi}{4}\right)$

(2) $\left(-2, \dfrac{2}{3}\pi\right)$

(3) $\left(-1, -\dfrac{\pi}{2}\right)$

239 次の直線を図示せよ。　　　　　　　　　　　▶教p.136例6

*(1) $\theta = \dfrac{\pi}{3}$

(2) $\theta = \dfrac{\pi}{2}$

(3) $\theta = \dfrac{7}{6}\pi$

240 次の点 A を通り，OA に垂直な直線の極方程式を求めよ。 ▶教 p.137 例7

*(1) A $\left(1, \dfrac{\pi}{3}\right)$ 　　　　　　　　*(2) A $\left(2, \dfrac{\pi}{2}\right)$

(3) A $\left(3, \dfrac{3}{4}\pi\right)$

*241 次の円の極方程式を求めよ。 ▶教 p.137 例8

(1) 中心 $(3, 0)$，半径 3 　　　　　(2) 中心 $\left(1, \dfrac{\pi}{2}\right)$，半径 1

▶教 p.138 例9

SPIRAL **B**

242 次の直交座標の方程式を極方程式で表せ。

*(1) $(x-1)^2 + y^2 = 1$

(2) $x^2 + \dfrac{y^2}{4} = 1$

*(3) $x^2 - y^2 = -1$

(4) $y^2 = 6x + 9$

243 次の極方程式の表す曲線を，直交座標 x, y の方程式で表せ。 ▶️教p.138例題3

*(1) $r = 8(\cos\theta + \sin\theta)$

(2) $r = 2(\sin\theta - \cos\theta)$

*(3) $r = 4\cos\theta$

(4) $r = -6\sin\theta$

*244 極方程式 $r = \dfrac{1}{2 - 2\cos\theta}$ の表す曲線を，直交座標 x, y の方程式で表せ。

▶教 p.139 例題4

245 極方程式 $r = \dfrac{3}{2 + 2\sin\theta}$ の表す曲線を，直交座標 x, y の方程式で表せ。

▶教 p.139 例題4

SPIRAL **C**

円の極方程式

例題 35 中心Cの極座標が $\left(2, \dfrac{\pi}{4}\right)$，半径が 2 である円の極方程式を求めよ。

解 $A\left(4, \dfrac{\pi}{4}\right)$ とすると，OA は円の直径である。

円上の点Pの極座標を (r, θ) とすると，

右の図より

$\qquad OP = OA \cos \angle AOP$

よって，求める極方程式は

$\qquad r = 4\cos\left(\theta - \dfrac{\pi}{4}\right)$ **答**

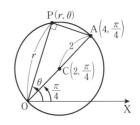

246 中心Cの極座標と半径が次のように与えられたとき，円の極方程式を求めよ。

(1) $C\left(3, \dfrac{\pi}{6}\right)$，半径 3

(2)　$C\left(2,\ -\dfrac{\pi}{3}\right)$，半径 2

解答

129

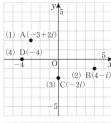

(1) A$(-3+2i)$
(4) D(-4)
(2) B$(4-i)$
(3) C$(-2i)$

130

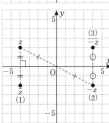

131 (1) $\sqrt{29}$　　(2) $5\sqrt{2}$
(3) **6**　　　　　　　(4) **5**

132 (1)

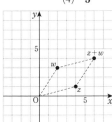

(2)

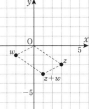

133 (1)

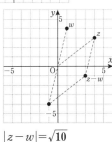

$|z-w|=\sqrt{10}$

(2)

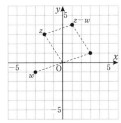

$|z-w|=\sqrt{17}$

134

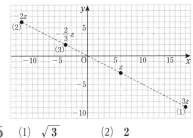

135 (1) $\sqrt{3}$　　(2) **2**
(3) $\sqrt{65}$　　　　(4) $\sqrt{10}$

136

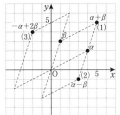

137 $(z+5-i)(\overline{z}+5+i)=5$
より $\{z+(5-i)\}\{\overline{z}+(5+i)\}=5$
$\{z+(5-i)\}\{\overline{z}+\overline{(5-i)}\}=5$
$\{z+(5-i)\}\overline{\{z+(5-i)\}}=5$
$|z+(5-i)|^2=5$
$|z+5-i|^2=5$
$|z+5-i|\geqq0$ であるから $|z+5-i|=\sqrt{5}$

138 (1) $z=\alpha^3-(\overline{\alpha})^3$ とおくと，α^3 は実数で
ないから $z\neq0$ であり
$\overline{z}=\overline{\alpha^3-(\overline{\alpha})^3}=\overline{\alpha^3}-\overline{(\overline{\alpha})^3}=\overline{\alpha}\,\overline{\alpha}\,\overline{\alpha}-\overline{\overline{\alpha}}\,\overline{\overline{\alpha}}\,\overline{\overline{\alpha}}$
$=\overline{\alpha}\,\overline{\alpha}\,\overline{\alpha}-\alpha\alpha\alpha=(\overline{\alpha})^3-\alpha^3=-z$
よって，z すなわち $\alpha^3-(\overline{\alpha})^3$ は純虚数である。

(2) $\alpha\overline{\alpha}=1$ より $\overline{\alpha}=\dfrac{1}{\alpha}$，$\alpha=\dfrac{1}{\overline{\alpha}}$ であるから
$\overline{z}=\overline{\alpha+\dfrac{1}{\alpha}}=\overline{\alpha}+\overline{\left(\dfrac{1}{\alpha}\right)}=\overline{\alpha}+\dfrac{1}{\overline{\alpha}}=\dfrac{1}{\alpha}+\alpha=z$
よって，$z=\alpha+\dfrac{1}{\alpha}$ は実数である。

139 (1) $2\left(\cos\dfrac{\pi}{6}+i\sin\dfrac{\pi}{6}\right)$

(2) $2\left(\cos\dfrac{2}{3}\pi+i\sin\dfrac{2}{3}\pi\right)$

(3) $\sqrt{2}\left(\cos\dfrac{5}{4}\pi+i\sin\dfrac{5}{4}\pi\right)$

(4) $2\sqrt{3}\left(\cos\dfrac{5}{3}\pi+i\sin\dfrac{5}{3}\pi\right)$

(5) $4\left(\cos\dfrac{\pi}{2}+i\sin\dfrac{\pi}{2}\right)$

(6) $8(\cos\pi+i\sin\pi)$

140 (1) $z_1z_2=6\left(\cos\dfrac{11}{12}\pi+i\sin\dfrac{11}{12}\pi\right)$

$\dfrac{z_1}{z_2}=\dfrac{3}{2}\left(\cos\dfrac{5}{12}\pi+i\sin\dfrac{5}{12}\pi\right)$

(2) $z_1z_2=4\left(\cos\dfrac{5}{3}\pi+i\sin\dfrac{5}{3}\pi\right)$

$\dfrac{z_1}{z_2}=4\left(\cos\dfrac{4}{3}\pi+i\sin\dfrac{4}{3}\pi\right)$

141 (1) $z_1z_2=2\sqrt{6}\left(\cos\dfrac{13}{12}\pi+i\sin\dfrac{13}{12}\pi\right)$

$\dfrac{z_1}{z_2}=\dfrac{\sqrt{6}}{6}\left(\cos\dfrac{5}{12}\pi+i\sin\dfrac{5}{12}\pi\right)$

(2) $z_1z_2=2\sqrt{2}\left(\cos\dfrac{23}{12}\pi+i\sin\dfrac{23}{12}\pi\right)$

$\dfrac{z_1}{z_2}=\sqrt{2}\left(\cos\dfrac{17}{12}\pi+i\sin\dfrac{17}{12}\pi\right)$

(3) $z_1z_2=4\sqrt{2}\left(\cos\dfrac{\pi}{3}+i\sin\dfrac{\pi}{3}\right)$

$\dfrac{z_1}{z_2}=\dfrac{\sqrt{2}}{2}\left(\cos\dfrac{2}{3}\pi+i\sin\dfrac{2}{3}\pi\right)$

142 (1) 点 z を原点のまわりに $\dfrac{\pi}{4}$ だけ回転し, 原点からの距離を $\sqrt{2}$ 倍した点

(2) 点 z を原点のまわりに $\dfrac{7}{6}\pi$ だけ回転し, 原点からの距離を 2 倍した点

(3) 点 z を原点のまわりに π だけ回転し, 原点からの距離を 5 倍した点

(4) 点 z を原点のまわりに $\dfrac{3}{2}\pi$ だけ回転し, 原点からの距離を 7 倍した点

143 (1) $\dfrac{1+3\sqrt{3}\,i}{2}$

(2) $\dfrac{\sqrt{3}-5i}{2}$

144 (1) 点 z を原点のまわりに $-\dfrac{\pi}{6}$ だけ回転し, 原点からの距離を $\dfrac{1}{2}$ 倍した点

(2) 点 z を原点のまわりに $-\dfrac{3}{4}\pi$ だけ回転し, 原点からの距離を $\dfrac{1}{2\sqrt{2}}$ 倍した点

(3) 点 z を原点のまわりに $-\dfrac{\pi}{2}$ だけ回転し, 原点からの距離を $\dfrac{1}{3}$ 倍した点

145 (1) $4\left(\cos\dfrac{4}{3}\pi+i\sin\dfrac{4}{3}\pi\right)$

(2) $14\left(\cos\dfrac{11}{6}\pi+i\sin\dfrac{11}{6}\pi\right)$

(3) $\dfrac{\sqrt{2}}{2}\left(\cos\dfrac{\pi}{4}+i\sin\dfrac{\pi}{4}\right)$

146 $\cos\dfrac{5}{12}\pi=\dfrac{\sqrt{6}-\sqrt{2}}{4}$

$\sin\dfrac{5}{12}\pi=\dfrac{\sqrt{6}+\sqrt{2}}{4}$

147 i

148 (1) $7+3\sqrt{3}\,i$

(2) $-9+7\sqrt{3}\,i$

149 $1-\dfrac{2}{3}i$

150 (1) $\cos\dfrac{11}{6}\pi+i\sin\dfrac{11}{6}\pi$

(2) $\cos\dfrac{7}{5}\pi+i\sin\dfrac{7}{5}\pi$

(3) $\cos\dfrac{11}{12}\pi+i\sin\dfrac{11}{12}\pi$

(4) $\cos\dfrac{\pi}{8}+i\sin\dfrac{\pi}{8}$

151 (1) -1

(2) $-\dfrac{1}{2}+\dfrac{\sqrt{3}}{2}i$

(3) $-i$

(4) $-\dfrac{\sqrt{3}}{2}-\dfrac{1}{2}i$

152 (1) i

(2) $\dfrac{\sqrt{3}}{2}-\dfrac{1}{2}i$

(3) $\dfrac{\sqrt{3}}{2}-\dfrac{1}{2}i$

(4) $-\dfrac{1}{2}-\dfrac{\sqrt{3}}{2}i$

153 (1) 64 (2) -4

(3) $16+16\sqrt{3}\,i$ (4) $\dfrac{1}{16}+\dfrac{1}{16}i$

154 $z_0 = 1$

$z_1 = \cos\dfrac{2}{5}\pi + i\sin\dfrac{2}{5}\pi$

$z_2 = \cos\dfrac{4}{5}\pi + i\sin\dfrac{4}{5}\pi$

$z_3 = \cos\dfrac{6}{5}\pi + i\sin\dfrac{6}{5}\pi$

$z_4 = \cos\dfrac{8}{5}\pi + i\sin\dfrac{8}{5}\pi$

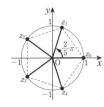

155 (1) $z = 2,\ -1+\sqrt{3}\,i,\ -1-\sqrt{3}\,i$

(2) $z = \dfrac{1}{\sqrt{2}} + \dfrac{1}{\sqrt{2}}i,\ -\dfrac{1}{\sqrt{2}} - \dfrac{1}{\sqrt{2}}i$

(3) $z = 3i,\ -\dfrac{3\sqrt{3}}{2} - \dfrac{3}{2}i,\ \dfrac{3\sqrt{3}}{2} - \dfrac{3}{2}i$

(4) $z = \dfrac{\sqrt{3}}{2} + \dfrac{1}{2}i,\ -\dfrac{1}{2} + \dfrac{\sqrt{3}}{2}i,$

$\qquad -\dfrac{\sqrt{3}}{2} - \dfrac{1}{2}i,\ \dfrac{1}{2} - \dfrac{\sqrt{3}}{2}i$

156 (1) $-512i$ (2) $-\dfrac{1}{64}$

(3) $-\dfrac{\sqrt{3}}{64} + \dfrac{1}{64}i$

157 $n = 4$

158 $n = 3k$ のとき 2

$\qquad n = 3k-1,\ 3k-2$ のとき -1

159 (1) 1 (2) 0

160 1

161 (1) $z_1 = 5+i$

$\qquad\quad z_2 = 8+7i$

(2) $z_1 = \dfrac{18}{5} - \dfrac{9}{5}i$

$\qquad z_2 = -6 - 21i$

162 (1) $2-i$

(2) $\dfrac{7}{3} + 3i$

163 (1) 点 3 を中心とする半径 4 の円

(2) 点 $\dfrac{1}{2}i$ を中心とする半径 $\dfrac{1}{2}$ の円

164 (1) 2 点 $-3,\ 2i$ を結ぶ線分の垂直二等分線

(2) 原点と点 $-1+i$ を結ぶ線分の垂直二等分線

165 (1) $|z| = 2$

(2) $|z-(2+i)| = 5$

(3) $|z-(3+2i)| = |z-(4-7i)|$

166 $7+2i$

167 $6+5i$

168 $w = \dfrac{z_1 + z_2 + z_3}{3}$

169 (1) 点 $2-i$ を中心とする半径 1 の円

(2) 点 -3 を中心とする半径 4 の円

(3) 2 点 $-i,\ 3$ を結ぶ線分の垂直二等分線

170 (1) 点 2 を中心とする半径 $\sqrt{5}$ の円

(2) 原点と点 $-i$ を結ぶ線分の垂直二等分線

171 点 4 を中心とする半径 3 の円

172 (1) 中心が原点, 半径 3 の円

(2) 中心が点 i, 半径 $\sqrt{5}$ の円

(3) 中心が点 $-2i$, 半径 3 の円

173 (1)

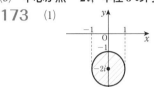

上の図の斜線部分(境界線を含む)

(2)

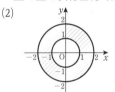

上の図の斜線部分(境界線を含む)

(3)

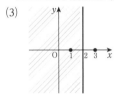

上の図の斜線部分(境界線を含まない)

174 点 $\dfrac{9}{8}i$ を中心とする半径 $\dfrac{3}{8}$ の円

175 (1) $\dfrac{\pi}{4}$ (2) $\dfrac{2}{3}\pi$

176 (1) $\dfrac{\pi}{2}$ (2) $\dfrac{5}{6}\pi$

177 (1) $k = -5$ (2) $k = \dfrac{15}{2}$

178 (1) $\angle A = 135°$ の二等辺三角形

(2) $AB:AC = 1:2$, $\angle A = 90°$ の直角三角形

(3) $\angle A = 30°$, $\angle C = 90°$ の直角三角形

179 $\gamma = 3+4i$ または 5

180 $(3-\sqrt{3}) + (3+2\sqrt{3})i$

181 (1) $\dfrac{1 \pm \sqrt{3}\,i}{2}$

(2) 正三角形

182 $\alpha \neq 0$ であるから, $\alpha\bar{\beta} + \bar{\alpha}\beta = 0$ の両辺を $\alpha\bar{\alpha}$ で割ると,

$\dfrac{\bar{\beta}}{\bar{\alpha}} + \dfrac{\beta}{\alpha} = 0$ より $\dfrac{\beta}{\alpha} = -\overline{\left(\dfrac{\beta}{\alpha}\right)}$ ……①

ゆえに，$\dfrac{\beta}{\alpha}\neq0$ と①より，$\dfrac{\beta}{\alpha}$ は純虚数である。

よって　OA⊥OB

183 四角形 ABCD が
円に内接するとき，
∠ACB＝∠ADB が成り立
つから

$$\arg\frac{\beta-\gamma}{\alpha-\gamma}=\arg\frac{\beta-\delta}{\alpha-\delta}$$
$$\cdots\cdots①$$

ゆえに，①の値を θ $(0\leqq\theta<2\pi)$ とすると，$r_1>0$，$r_2>0$ として，

$$\frac{\beta-\gamma}{\alpha-\gamma}=r_1(\cos\theta+i\sin\theta)$$

$$\frac{\beta-\delta}{\alpha-\delta}=r_2(\cos\theta+i\sin\theta)$$

と表せる。

よって，$\dfrac{\beta-\gamma}{\alpha-\gamma}\div\dfrac{\beta-\delta}{\alpha-\delta}=\dfrac{r_1}{r_2}$ であるから

$\dfrac{\beta-\gamma}{\alpha-\gamma}\div\dfrac{\beta-\delta}{\alpha-\delta}$ は実数である。

184 $z'=\dfrac{-1+\sqrt{3}\,i}{2}\bar{z}$

185 (1) $y^2=12x$

(2) $y^2=-x$

186 (1) 焦点　$F\left(\dfrac{1}{2},\,0\right)$，準線　$x=-\dfrac{1}{2}$

(2) 焦点　$F(-1,\,0)$，準線　$x=1$

(3) 焦点　$F\left(\dfrac{1}{16},\,0\right)$，準線　$x=-\dfrac{1}{16}$

(4) 焦点　$F\left(-\dfrac{1}{8},\,0\right)$，準線　$x=\dfrac{1}{8}$

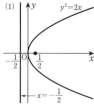
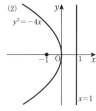
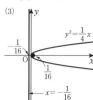
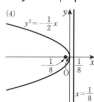

187 (1) $x^2=12y$　(2) $x^2=-\dfrac{1}{2}y$

188 (1) 焦点　$F\left(0,\,\dfrac{1}{4}\right)$，準線　$y=-\dfrac{1}{4}$

(2) 焦点　$F\left(0,\,-\dfrac{1}{2}\right)$，準線　$y=\dfrac{1}{2}$

(3) 焦点　$F\left(0,\,\dfrac{1}{8}\right)$，準線　$y=-\dfrac{1}{8}$

(4) 焦点　$F\left(0,\,-\dfrac{1}{16}\right)$，準線　$y=\dfrac{1}{16}$

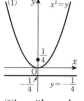
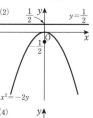
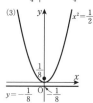
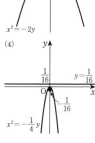

189 (1) $y^2=8x$　(2) $x^2=-12y$

190 (1) $y^2=-2x$　(2) $x^2=2\sqrt{3}\,y$

191 放物線　$y^2=16x$

192 放物線　$x^2=4y$

193 放物線　$y^2=8x$

194 (1) 焦点は
　　$F(\sqrt{5},\,0)$，
　　$F'(-\sqrt{5},\,0)$
頂点の座標は
　　$(3,\,0),\,(-3,\,0)$
　　$(0,\,2),\,(0,\,-2)$
長軸の長さは 6，
短軸の長さは 4

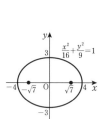

(2) 焦点は
　　$F(\sqrt{7},\,0)$，
　　$F'(-\sqrt{7},\,0)$
頂点の座標は
　　$(4,\,0),\,(-4,\,0)$
　　$(0,\,3),\,(0,\,-3)$
長軸の長さは 8，
短軸の長さは 6

(3) 焦点は
　　$F(2\sqrt{2},\,0),\,F'(-2\sqrt{2},\,0)$
頂点の座標は
　　$(3,\,0),\,(-3,\,0)$
　　$(0,\,1),\,(0,\,-1)$
長軸の長さは 6，
短軸の長さは 2

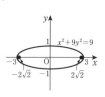

(4) 焦点は

$\quad$ F$(1, 0)$, F$'(-1, 0)$

頂点の座標は

$\quad (2, 0)$, $(-2, 0)$

$\quad (0, \sqrt{3}\,)$, $(0, -\sqrt{3}\,)$

長軸の長さは 4,

短軸の長さは $2\sqrt{3}$

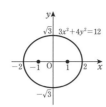

195 (1) $\dfrac{x^2}{25}+\dfrac{y^2}{16}=1$

(2) $\dfrac{x^2}{16}+\dfrac{y^2}{4}=1$

196 (1) 焦点は

$\quad$ F$(0, 2\sqrt{3}\,)$,

$\quad$ F$'(0, -2\sqrt{3}\,)$

頂点の座標は

$\quad (2, 0)$, $(-2, 0)$

$\quad (0, 4)$, $(0, -4)$

長軸の長さは 8,

短軸の長さは 4

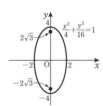

(2) 焦点は

$\quad$ F$(0, \sqrt{7}\,)$,

$\quad$ F$'(0, -\sqrt{7}\,)$

頂点の座標は

$\quad (3, 0)$, $(-3, 0)$

$\quad (0, 4)$, $(0, -4)$

長軸の長さは 8,

短軸の長さは 6

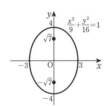

(3) 焦点は

$\quad$ F$(0, \sqrt{3}\,)$,

$\quad$ F$'(0, -\sqrt{3}\,)$

頂点の座標は

$\quad (1, 0)$, $(-1, 0)$

$\quad (0, 2)$, $(0, -2)$

長軸の長さは 4,

短軸の長さは 2

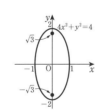

(4) 焦点は

$\quad$ F$(0, \sqrt{21}\,)$,

$\quad$ F$'(0, -\sqrt{21}\,)$

頂点の座標は

$\quad (2, 0)$, $(-2, 0)$

$\quad (0, 5)$, $(0, -5)$

長軸の長さは 10,

短軸の長さは 4

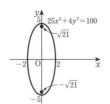

197 (1) 楕円 $\dfrac{x^2}{9}+y^2=1$

(2) 楕円 $x^2+\dfrac{y^2}{4}=1$

198 楕円 $\dfrac{x^2}{9}+\dfrac{y^2}{25}=1$

199 (1) $\dfrac{x^2}{13}+\dfrac{y^2}{4}=1$

(2) $\dfrac{x^2}{5}+\dfrac{y^2}{9}=1$

(3) $\dfrac{x^2}{7}+\dfrac{y^2}{16}=1$

200 (1) $\dfrac{x^2}{36}+\dfrac{y^2}{20}=1$

(2) $\dfrac{x^2}{3}+\dfrac{y^2}{6}=1$

201 (1) 楕円 $\dfrac{x^2}{9}+y^2=1$

(2) 楕円 $\dfrac{x^2}{9}+\dfrac{y^2}{16}=1$

(3) 楕円 $\dfrac{x^2}{9}+\dfrac{y^2}{36}=1$

202 (1) 焦点は F$(2\sqrt{3}, 0)$, F$'(-2\sqrt{3}, 0)$

$\quad$ 頂点の座標は $(2\sqrt{2}, 0)$, $(-2\sqrt{2}, 0)$

(2) 焦点は F$(5, 0)$, F$'(-5, 0)$

$\quad$ 頂点の座標は $(3, 0)$, $(-3, 0)$

(3) 焦点は F$(2\sqrt{2}, 0)$, F$'(-2\sqrt{2}, 0)$

$\quad$ 頂点の座標は $(2, 0)$, $(-2, 0)$

(4) 焦点は F$(3, 0)$, F$'(-3, 0)$

$\quad$ 頂点の座標は $(\sqrt{5}, 0)$, $(-\sqrt{5}, 0)$

203 (1) 頂点の座標は

$\quad (4, 0)$, $(-4, 0)$

漸近線の方程式は

$\quad y=\dfrac{3}{4}x$, $y=-\dfrac{3}{4}x$

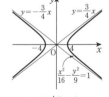

(2) 頂点の座標は

$\quad (1, 0)$, $(-1, 0)$

漸近線の方程式は

$\quad y=2x$, $y=-2x$

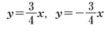

(3) 頂点の座標は

$\quad (3, 0)$, $(-3, 0)$

漸近線の方程式は

$\quad y=x$, $y=-x$

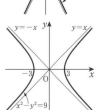

(4) 頂点の座標は
$(3, 0), (\ 3, 0)$
漸近線の方程式は
$$y=\frac{1}{3}x, \ \ y=-\frac{1}{3}x$$

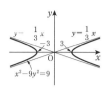

204 (1) 頂点の座標は
$(0, 4), (0, -4)$
漸近線の方程式は
$$y=\frac{4}{5}x, \ \ y=-\frac{4}{5}x$$

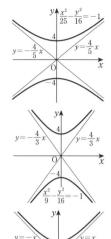

(2) 頂点の座標は
$(0, 4), (0, -4)$
漸近線の方程式は
$$y=\frac{4}{3}x, \ \ y=-\frac{4}{3}x$$

(3) 頂点の座標は
$(0, 2), (0, -2)$
漸近線の方程式は
$$y=x, \ \ y=-x$$

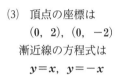

(4) 頂点の座標は
$(0, 2), (0, -2)$
漸近線の方程式は
$$y=2x, \ \ y=-2x$$

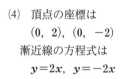

205 (1) $\dfrac{x^2}{4}-y^2=1$

(2) $\dfrac{x^2}{8}-\dfrac{y^2}{8}=1$

206 (1) $\dfrac{x^2}{16}-\dfrac{y^2}{9}=-1$

(2) $x^2-\dfrac{y^2}{3}=-1$

207 $\dfrac{x^2}{5}-\dfrac{y^2}{4}=1$

208 $\dfrac{x^2}{16}-\dfrac{y^2}{9}=1$

209 $x^2-\dfrac{y^2}{9}=-1$

210 (1) $\dfrac{(x-1)^2}{8}+\dfrac{(y+2)^2}{4}=1$
焦点の座標は $(3, -2), (-1, -2)$

(2) $(x-1)^2+\dfrac{(y+2)^2}{2}=1$
焦点の座標は $(1, -1), (1, -3)$

(3) $(y+2)^2=-8(x-1)$
焦点の座標は $(-1, -2)$

(4) $(x-1)^2=4(y+2)$
焦点の座標は $(1, -1)$

211 (1) $(x+2)^2-\dfrac{(y-1)^2}{3}=1$
焦点の座標は $(0, 1), (-4, 1)$
漸近線の方程式は
$$y=\sqrt{3}x+2\sqrt{3}+1, \ \ y=-\sqrt{3}x-2\sqrt{3}+1$$

(2) $(x+2)^2-(y-1)^2=-2$
焦点の座標は $(-2, 3), (-2, -1)$
漸近線の方程式は $\quad y=x+3, \ \ y=-x-1$

212 (1) 放物線 $y^2=4x$ を x 軸方向に -2, y 軸方向に 2 だけ平行移動した放物線

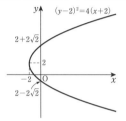

(2) 放物線 $x^2=2y$ を x 軸方向に -1, y 軸方向に 1 だけ平行移動した放物線

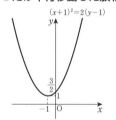

(3) 楕円 $\dfrac{x^2}{4}+y^2=1$ を x 軸方向に 2 だけ平行移動した楕円

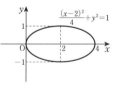

(4) 楕円 $\dfrac{x^2}{9}+\dfrac{y^2}{4}=1$ を x 軸方向に -1, y 軸方向に 1 だけ平行移動した楕円

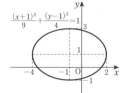

135

(5) 双曲線 $x^2-y^2=1$ を x 軸方向に 2，y 軸方向に 2 だけ平行移動した双曲線

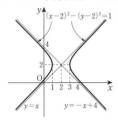

(6) 双曲線 $x^2-\dfrac{y^2}{4}=-1$ を y 軸方向に 1 だけ平行移動した双曲線

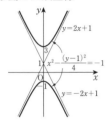

213 (1) $\left(-\dfrac{2}{3},\ -\dfrac{8}{3}\right),\ (2,\ 0)$

(2) $(2,\ 3)$

(3) $\left(-\dfrac{7}{2},\ \dfrac{1}{4}\right)$

(4) $(-1,\ 1),\ (-5,\ -7)$

(5) $\left(\dfrac{8}{3},\ 4\right),\ (6,\ -6)$

(6) $\left(-\dfrac{9}{8},\ \dfrac{3}{2}\right),\ (-2,\ -2)$

214 (1) $-\sqrt{13}<k<\sqrt{13}$ のとき　共有点は 2 個

$k=-\sqrt{13},\ \sqrt{13}$ のとき　共有点は 1 個

$k<-\sqrt{13},\ \sqrt{13}<k$ のとき　共有点は 0 個

(2) 共有点は 2 個

(3) $k<1$ のとき　共有点は 2 個

$k=1$ のとき　共有点は 1 個

$k>1$ のとき　共有点は 0 個

215 (1) $y=-x-1$ (2) $y=-x+4$

(3) $y=x-2$

216 $\left(-\dfrac{8}{3},\ -\dfrac{2}{3}\right)$

217 $PQ=3\sqrt{2}$

中点 M の座標は $\left(-\dfrac{1}{2},\ \dfrac{1}{2}\right)$

218 $PQ=\dfrac{2\sqrt{5}}{3}$

中点 M の座標は $\left(\dfrac{2}{3},\ \dfrac{4}{3}\right)$

219 $-2<k<2$，

直線 $y=3x$ の $-\dfrac{1}{2}<x<\dfrac{1}{2}$ の部分

220 $y_1\neq0$ のとき $y_1y=2p(x+x_1)$ より

$y=\dfrac{2p}{y_1}(x+x_1)$

これを $y^2=4px$ に代入して整理すると

$y_1^2x=p(x^2+2x_1x+x_1^2)$ ……①

$(x_1,\ y_1)$ は放物線 $y^2=4px$ 上の点であるから，

$y_1^2=4px_1$

ゆえに，①は

$x^2-2x_1x+x_1^2=0$　　$(x-x_1)^2=0$

この 2 次方程式は重解 $x=x_1$ をもつ。すなわち，$y_1y=2p(x+x_1)$ は放物線 $y^2=4px$ 上の点 $(x_1,\ y_1)$ における接線の方程式である。

221 (1) $\dfrac{x}{9}-\dfrac{\sqrt{2}}{3}y=1$

(2) $3x-2\sqrt{2}\,y=1$ (3) $x+2y=-4$

222 双曲線 $x^2-\dfrac{y^2}{3}=1$

223 楕円 $\dfrac{x^2}{3}+\dfrac{y^2}{2}=1$

224 (1) 放物線 $y^2=2x$

(2) 放物線 $y=-x^2+4x-3$

(3) 放物線 $y=\dfrac{1}{2}x^2-3x-\dfrac{3}{2}$

225 (1) 放物線 $y=-x^2-1$

(2) 放物線 $y=2x^2+4x+1$

226 (1) $x=\cos\theta,\ y=\sin\theta$

(2) $x=\sqrt{5}\cos\theta,\ y=\sqrt{5}\sin\theta$

(3) $x=7\cos\theta,\ y=3\sin\theta$

(4) $x=\cos\theta,\ y=2\sqrt{2}\sin\theta$

227 (1) 放物線 $y=-x^2-4x+3$

(2) 放物線 $y=x^2+4x$

228 (1) 点 $(1,\ -3)$ を中心とする半径 3 の円

(2) 楕円 $\dfrac{x^2}{4}+y^2=1$ を x 軸方向に -1，y 軸方向に 2 だけ平行移動した楕円

(3) 双曲線 $\dfrac{x^2}{25}-\dfrac{y^2}{9}=-1$

(4) 放物線 $y=1-2x^2$ の $-1\leqq x\leqq1$ の部分

229 (1) 放物線 $y=x^2+2$ の $x\geqq0$ の部分

(2) 双曲線 $x^2-y^2=1$ の $x\geqq0,\ y\geqq0$ の部分

(3) 放物線 $y=-x^2+8$ の $0\leqq x\leqq2$ の部分

230 (1) $t^2=\dfrac{2-x}{2+x}$ (2) $t=\dfrac{2y}{2+x}$

(3) 楕円 $\dfrac{x^2}{4}+y^2=1$ の点 $(-2,\ 0)$ を除く部分

231 (1) 楕円 $x^2+\dfrac{y^2}{4}=1$ の点 $(-1,\ 0)$ を除く

部分

(2) 双曲線 $x^2-y^2=1$ の点 $(-1,\ 0)$ を除く部分

232

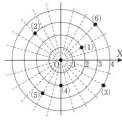

233 (1) $\mathrm{A}\left(\sqrt{2},\ \dfrac{\pi}{4}\right)$ (2) $\mathrm{D}\left(\sqrt{2},\ \dfrac{7}{4}\pi\right)$

(3) $\mathrm{M}\left(1,\ \dfrac{\pi}{2}\right)$

234 (1) $(\sqrt{2},\ \sqrt{2})$ (2) $(-2,\ 2\sqrt{3})$

(3) $(0,\ -8)$ (4) $(-3,\ -\sqrt{3})$

(5) $(-3,\ -3)$ (6) $(2\sqrt{6},\ -6\sqrt{2})$

235 (1) $\left(4,\ \dfrac{\pi}{6}\right)$ (2) $\left(3\sqrt{2},\ \dfrac{\pi}{4}\right)$

(3) $\left(4,\ \dfrac{2}{3}\pi\right)$ (4) $\left(2\sqrt{6},\ \dfrac{4}{3}\pi\right)$

(5) $\left(5,\ \dfrac{3}{2}\pi\right)$ (6) $\left(4\sqrt{3},\ \dfrac{11}{6}\pi\right)$

236 (1) $\sqrt{7}$

(2) $\sqrt{3}$

237 $\left(2r\cos\dfrac{\theta}{2},\ \dfrac{3}{2}\theta\right)$

238

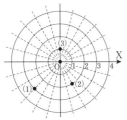

239

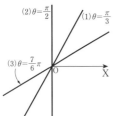

240 (1) $r\cos\left(\theta-\dfrac{\pi}{3}\right)=1$

(2) $r\cos\left(\theta-\dfrac{\pi}{2}\right)=2$

(3) $r\cos\left(\theta-\dfrac{3}{4}\pi\right)=3$

241 (1) $r=6\cos\theta$

(2) $r=2\cos\left(\theta-\dfrac{\pi}{2}\right)$

242 (1) $r=2\cos\theta$

(2) $r^2(3\cos^2\theta+1)=4$

(3) $r^2\cos 2\theta=-1$

(4) $r^2=(r\cos\theta+3)^2$

243 (1) $x^2+y^2-8x-8y=0$

(2) $x^2+y^2+2x-2y=0$

(3) $x^2+y^2-4x=0$

(4) $x^2+y^2+6y=0$

244 $y^2=x+\dfrac{1}{4}$

245 $x^2=-3y+\dfrac{9}{4}$

246 (1) $r=6\cos\left(\theta-\dfrac{\pi}{6}\right)$

(2) $r=4\cos\left(\theta+\dfrac{\pi}{3}\right)$